spot

ANIMALES DEL OCÉANO

LAS LANGOSTAS

por Mari Schuh

AMICUS | AMICUS INK

antenas

patas

Busca estas palabras e imágenes mientras lees.

pinza

caparazón

Una langosta pasa caminando.
¡Mira cómo avanza!

Las langostas viven en el fondo del océano. Caminan sobre la arena y las rocas.

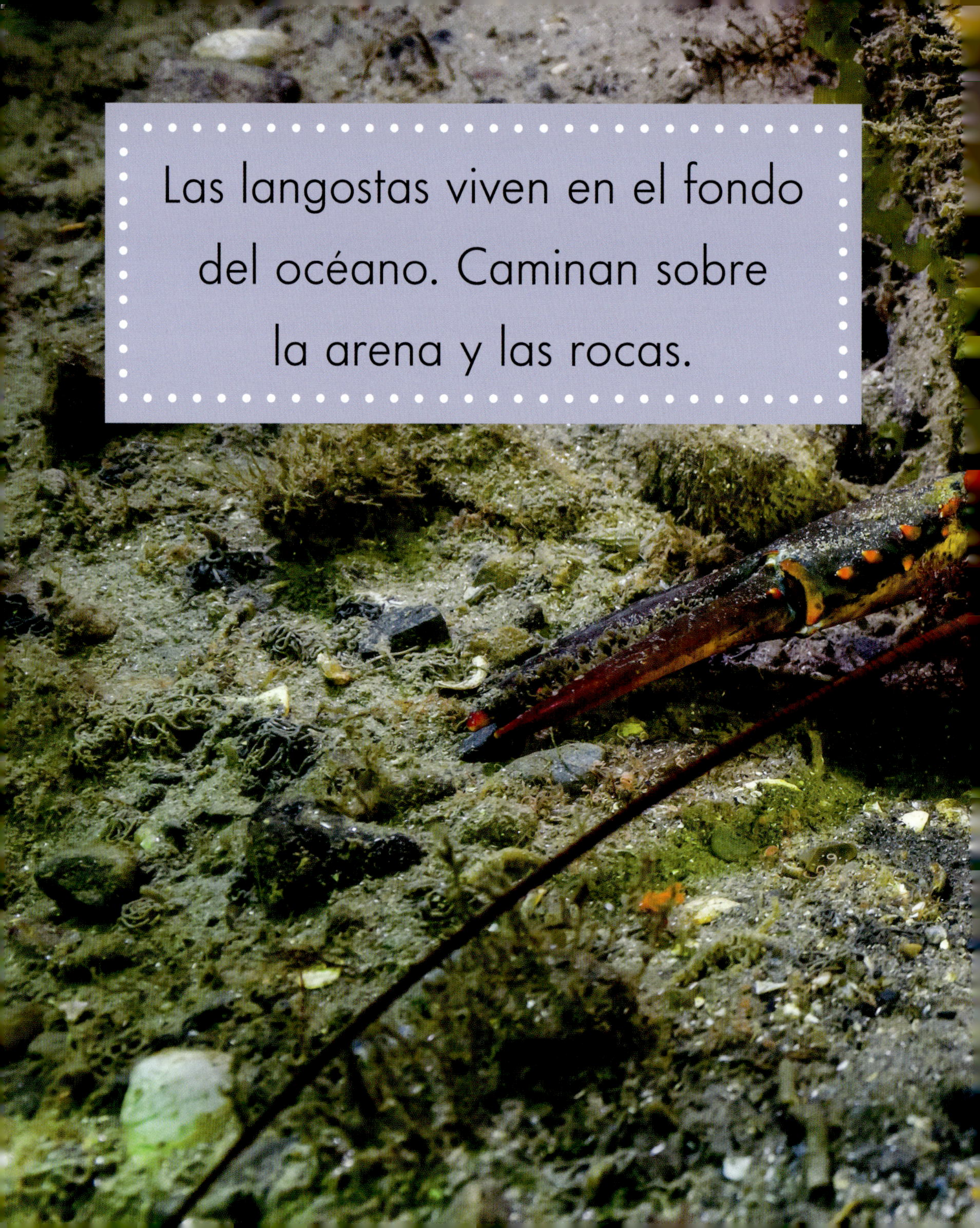

Mira las antenas. Ellas sienten por todas partes.

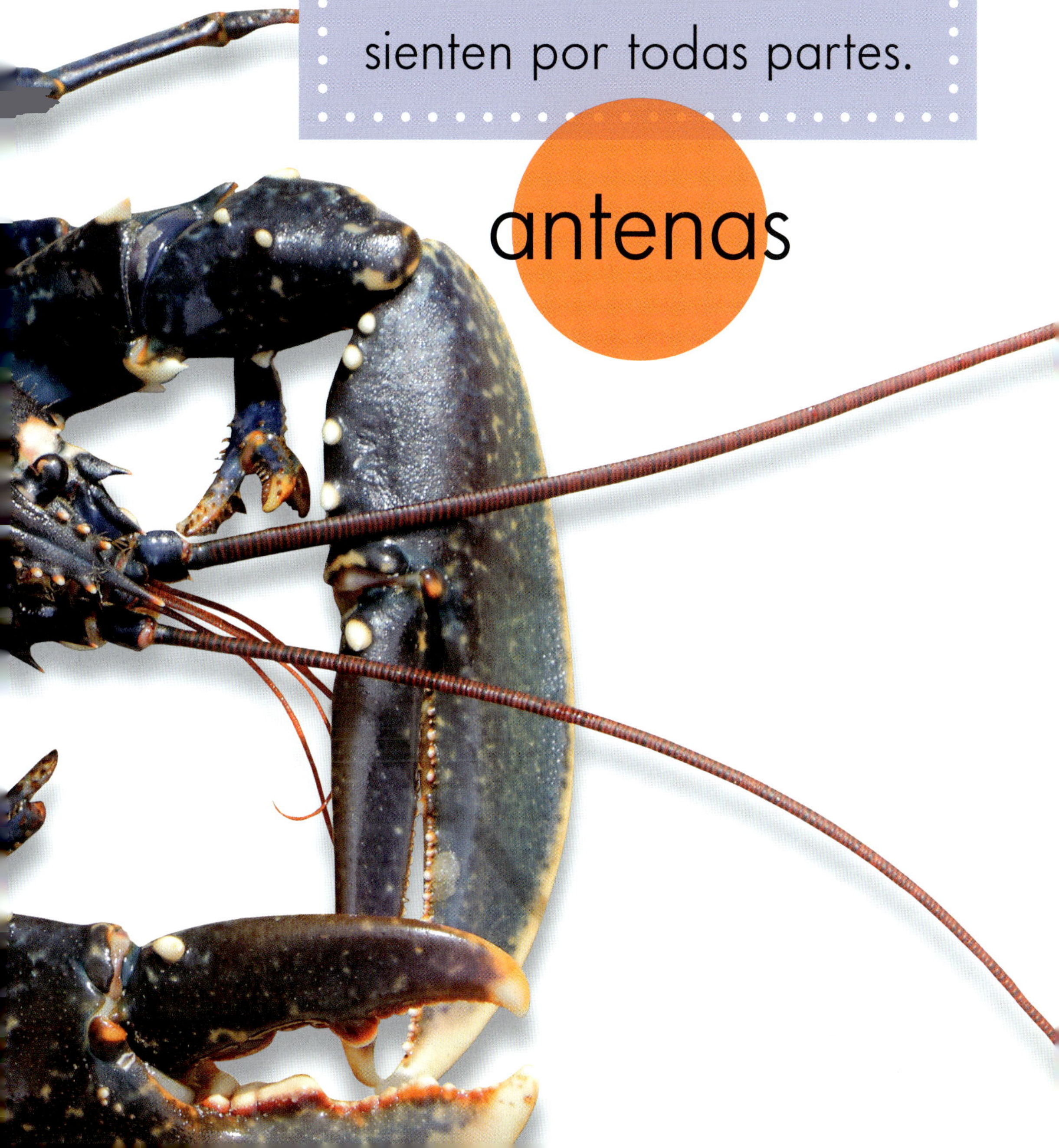

Mira las patas. Son diez. Una langosta usa ocho patas para caminar.

patas

pinza

Mira la pinza. Es fuerte. Las pinzas aplastan y desgarran la comida.

Mira la caparazón dura. Una langosta muda. Se despoja de su caparazón a medida que crece.

Una langosta se esconde. La nueva caparazón es blanda. Se volverá dura otra vez.

antenas

patas

¿Lo encontraste?

pinza

caparazón

Spot es una publicación de Amicus y Amicus Ink
P.O. Box 1329, Mankato, MN 56002
www.amicuspublishing.us

Library of Congress Cataloging-in-Publication Data
Names: Schuh, Mari C., 1975- author.
Title: Las langostas / by Mari Schuh.
Other titles: Lobsters. Spanish
Description: Mankato : Amicus, [2021] | Series: Spot animales del océano | Audience: Ages 4-7 | Audience: Grades K-1
Identifiers: LCCN 2019050283 (print) | LCCN 2019050284 (ebook) | ISBN 9781645492344 (library binding) | ISBN 9781681527376 (paperback) | ISBN 9781645492405 (pdf)
Subjects: LCSH: Lobsters—Juvenile literature.
Classification: LCC QL444.M33 S37418 2021 (print) | LCC QL444.M33 (ebook) | DDC 595.3/84—dc23

Impreso en los Estados Unidos de America

HC 10 9 8 7 6 5 4 3 2 1
PB 10 9 8 7 6 5 4 3 2 1

Alissa Thielges, editora
Deb Miner, diseñadora de la serie
Ciara Beitlich, diseñadora de libro
Bridget Prehn, investigación fotográfica

Créditos de las imágenes iStock/cynoclub cover, 16; Alamy/bonzami emmanuelle 1; Science Source/Andy Bernhaut 3; Nat Geo/Stocktrek Images 4–5; Alamy/Dorling Kindersley 6–7; iStock/GlobalP 8–9; Alamy/Edd Westmacott 10–11; Alamy/Christopher Nash 12–13; Dreamstime/Steven Melanson 14–15